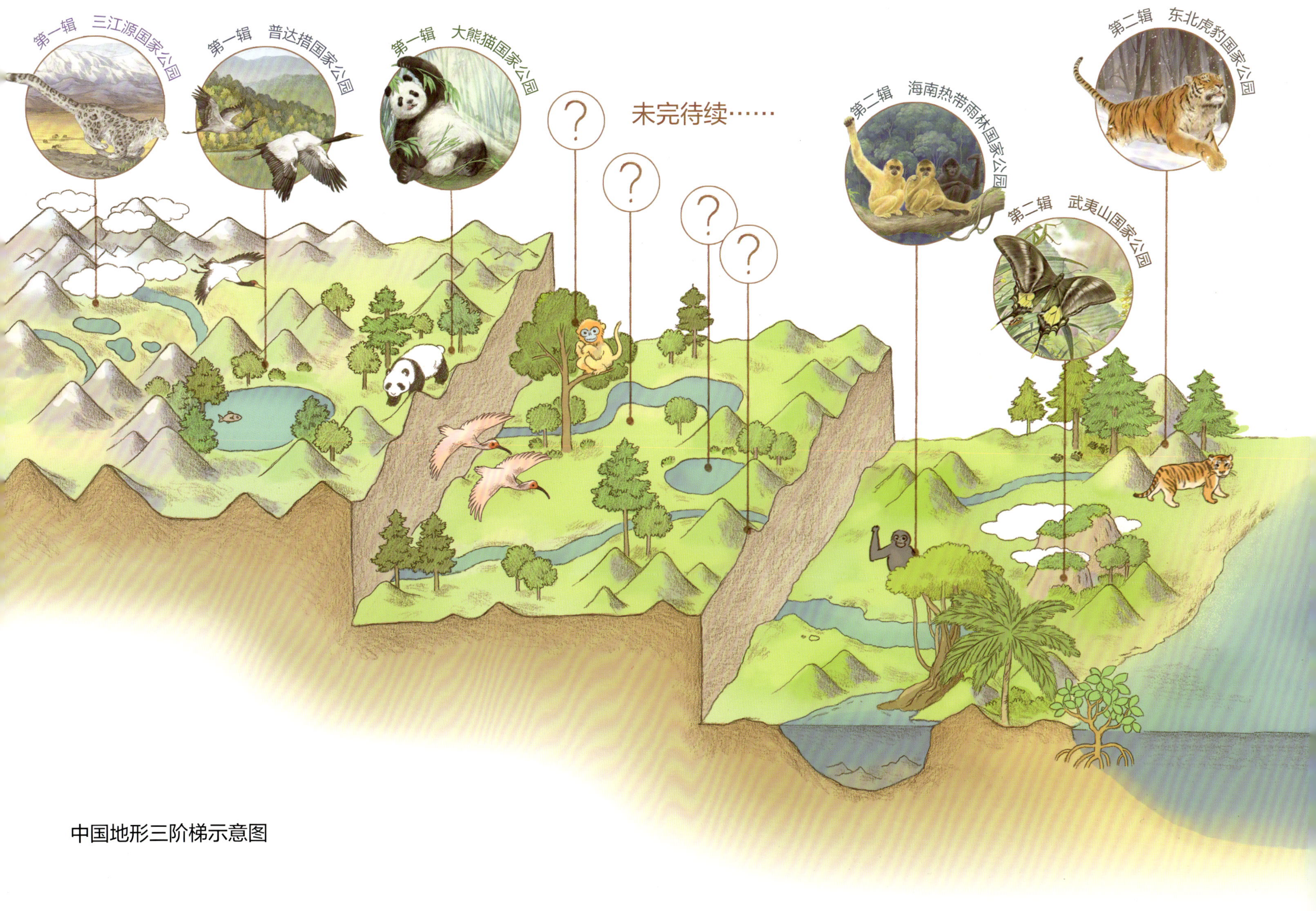
第一辑　三江源国家公园
第一辑　普达措国家公园
第一辑　大熊猫国家公园
未完待续……
第二辑　海南热带雨林国家公园
第二辑　武夷山国家公园
第二辑　东北虎豹国家公园

中国地形三阶梯示意图

故事的开始

出生在北方的我，第一次在福建街头买点心时大吃一惊：这点心是“荤”的，里面似乎有肉，又肥又香。然而，配上武夷山的茶品尝，竟然恰到好处、肥而不腻。在暑热的、湿答答的、令人厌烦的雨天，当地的人们如此悠闲地坐在廊下享用茶点，这场景不知为何令我深受感动，修正了我对干燥暴晒的夏日的惯常回忆。

然而，当我带着浪漫情怀买了几罐武夷山茶回到北京后，一壶喝下去却上火了——也许一个地方的植物以及由该植物创造出的人类生活方式，只有在相应的生态环境下才能存续。

也正是因为武夷山独特的生态环境，这里孕育出了许多独特的动植物，均为别处未见的新种，它们被称为“模式标本”。武夷山对叶兰、武夷林蛙、武夷山毛泥甲……这些以武夷山命名的动植物，在武夷山国家公园内处处生动地存在着。因此在我眼里，武夷山的大森林是一个藏满秘密的地方，那些活跃有趣的灵蛇小虫，带动了我们雀跃的、想去探险的心。

作者　2022年3月于北京

中国国家公园

武夷山国家公园

文潇·著　苏小芮·绘

廣東旅游出版社
GUANGDONG TRAVEL & TOURISM PRESS
悦读书·悦旅行·悦享人生

中国·广州

你听说过地球的气候带吗？古时候，人们简单地以南北回归线和极圈为界限，把地球分为热带、温带和寒带。在北半球，越靠近赤道的地方，气候越炎热；越靠近北极的地方则越寒冷。

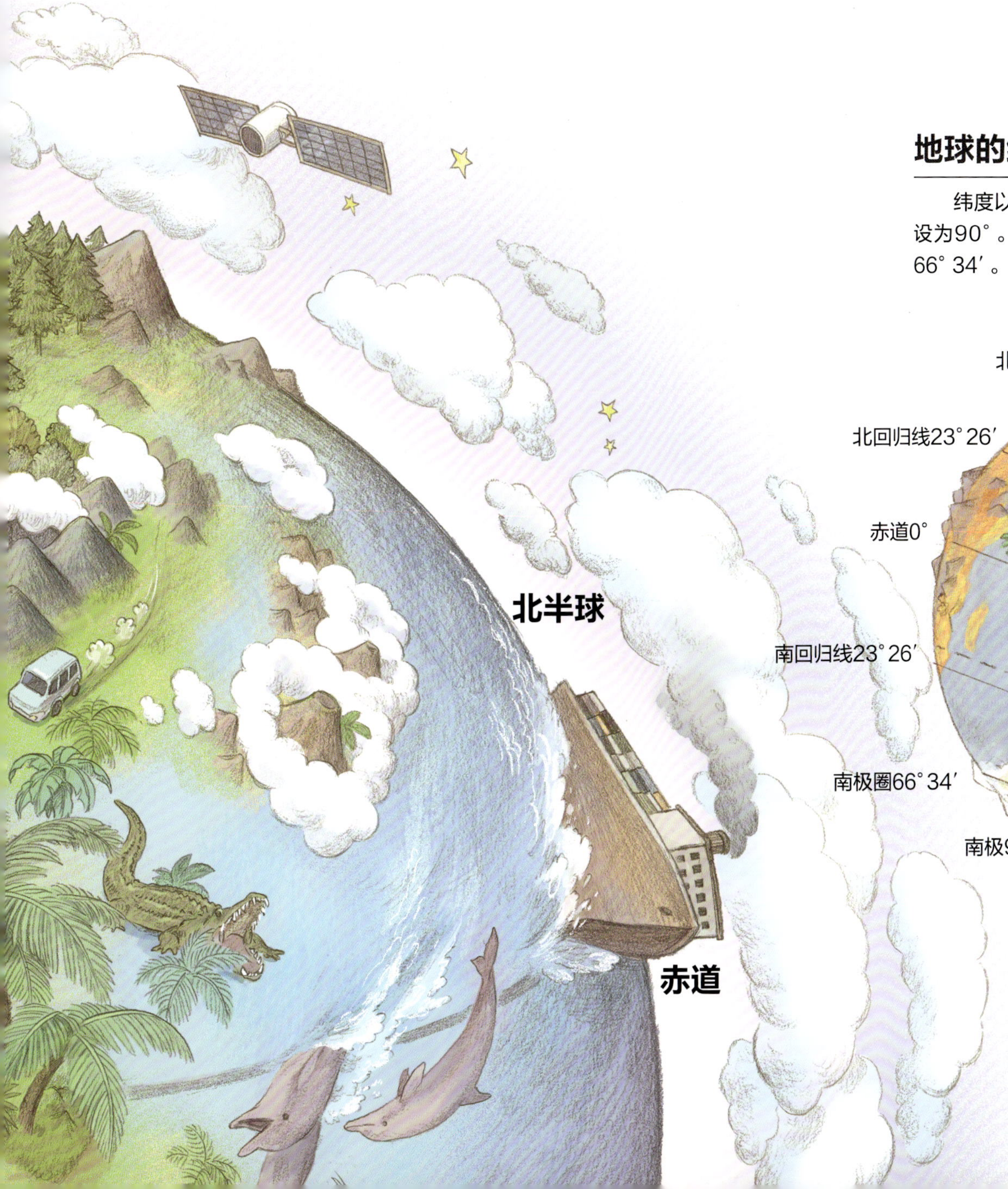

地球的纬度

纬度以赤道为0°，向南北极扩展，极点设为90°。南北回归线为23°26′；极圈为66°34′。

在中国北纬27°、靠近北回归线的地方，有一条山脉，山上有全球同纬度带上最大的亚热带原生森林，森林里生活着无数的鸟类、昆虫和两栖爬行类动物。这就是武夷山。

地球的气候

20世纪初，德国植物学家柯本根据降水量和气温，把气候分为A、B、C、D、E五个大类。随后科学家又进一步加上了海拔、季风等因素，分出几十种气候类型。

根据柯本气候分类法，武夷山属于C类，即最冷月均温在0摄氏度（或零下3摄氏度）到18摄氏度，且月均温在10摄氏度以上的气候。

在这里，人们建成了面积超过1000平方千米的国家公园。

武夷山国家公园里的森林覆盖率有96%。远远看去，森林像一层绿色的毯子，覆盖着火山岩和花岗岩构成的山体。它们是由侏罗纪晚期剧烈喷发的火山岩浆形成的。

武夷山的诞生

在侏罗纪晚期（约1.5亿年前），地壳剧烈运动，挤压出褶皱，火山喷发，岩浆冷却后化为岩石，大地上就“长出了”武夷山。之后漫长的岁月里，这里还经历了喜马拉雅运动和第四纪活跃的地壳运动。人们推测，在几百万年前，武夷山主峰又长高了1000米。现在武夷山最高峰为黄岗山，最高海拔约2160米。

日久天长，火山岩风化后生出黄壤，花岗岩则化为红壤。植物就靠着这些土壤的营养生长起来，最后变成了郁郁葱葱的大森林。在百万年前的冰川期，别的地方天寒地冻，这里却比较温暖，很多孑遗物种得以在这里存活。

山里还有许多深谷和峭壁，有的窄缝只能露出一线青天，它们是地壳运动造成的山体断裂。海洋季风吹到山顶，降下雨水，成了一道道山溪。溪水从裂缝中流过，像一把银色的长长的软刀，一遍遍地把裂缝磨切得更深。

❶ 山体上有裂隙。

❷ 水流向下侵蚀。

❸ 形成窄深的峡谷。

从高处看，这条溪流的走向出色地告诉了我们山体是怎样断裂的——溪流弯弯曲曲，仿佛给山脉断裂带画出了一张地图。这条溪流叫作九曲溪。

九曲溪里有100多种鱼。从前常有渔民划着竹筏用鱼鹰捕鱼。

丹霞地貌

武夷山有许多红色岩石层，形成了“丹霞地貌”。敲开一块山石，会发现里面更红。我国很多地方有丹霞地貌，红色岩石的成分也不一样。

让我们顺着溪流开始“亚热带森林探险之旅”吧，看看从山顶到山脚，一路上会发现什么！

溪流上游生活着大鲵。它源自侏罗纪，是地球上最大的两栖类动物，一般能长到0.7米左右，最长能长到1.8米。大鲵喜欢躲在石缝中，吐出一些小水泡。它有着憨憨的脸庞、指头短短的小胖手，像个人类的娃娃。

大鲵

大鲵喜欢生活在河溪上游有深洞和暗流的地方。那里涓细缓慢，水清且浅，石头比较多。大鲵特别能忍饥挨饿，寿命可达百年。

山顶上的优势树种是南方铁杉。它们孤独地站在1800米的高处，深色针叶围绕着缥缈的白雾。它们是第三纪孑遗物种，寿命可有几百年乃至上千年。与人类相比，它们有更多时间慢慢享受清风、雨露和暖阳。

古树的年轮气候学

每一圈年轮代表树的一岁。从年轮的形状可以看出当时树木生长环境的好坏。气候温暖湿润，年轮宽；气候寒冷干旱，年轮窄。利用年轮信息，可以追溯当地历史气候的变迁。

武夷山的湿度

武夷山一年有100天以上都是雾日。年平均相对湿度在80%上下，所以山中常年云雾迷蒙，时时飘雨。

从4月开始，直到整个夏季过去，武夷山一直有着丰沛的雨水，这也是植物生长最快的时候。我们一路下山，来到中山地带，在这里，即便是静默的树木，也在展开激烈的生存竞争。

甜槠、木荷、青冈是争夺阳光的老对头。在这片山坡上，甜槠树很多，显然占据优势。可年轻的青冈也在拼命长高，好让树冠超过遮在上面的甜槠的枝叶，晒到更多阳光。终有一天，它们会和甜槠一起到达林冠层，那是大约15米的高处。

中华穿山甲

一年能挖上百个洞穴。捕食蚂蚁，遇到危险会蜷成一个球。

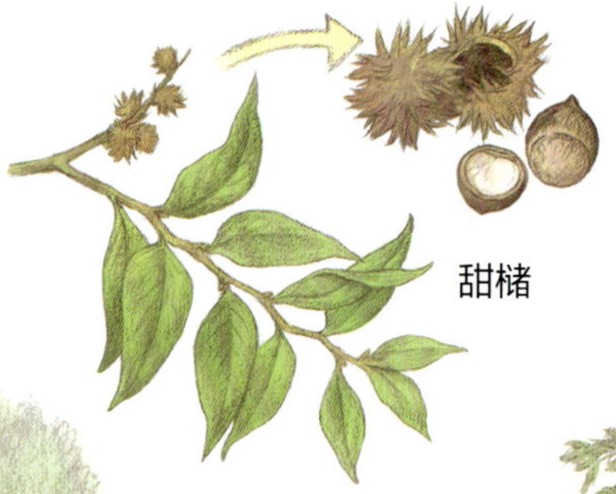

甜槠

树林的分层结构

树林从高处到地面可分为乔木层、灌木层、草本层、地被层（苔藓和地衣）。阳光穿过乔木层，从树杈间漏下，落到灌木层；再从灌木层落到草本层，这时候光已经很微弱了，最下面只能生长耐阴的苔藓和地衣。

黄腹树莺

它们在茶树附近做了窝，如果茶树有耳朵的话，一定能听到它们奇异动听的鸣声。

“正山小种”茶树

茶树种类很多，有的是乔木，有的是灌木，叶子也有大有小。著名的红茶“正山小种”，叶子小小的，是低矮的灌木，属于“菜茶”，产自武夷山桐木关。

鸟的世界比树木更自由。
白鹭在水边生活。

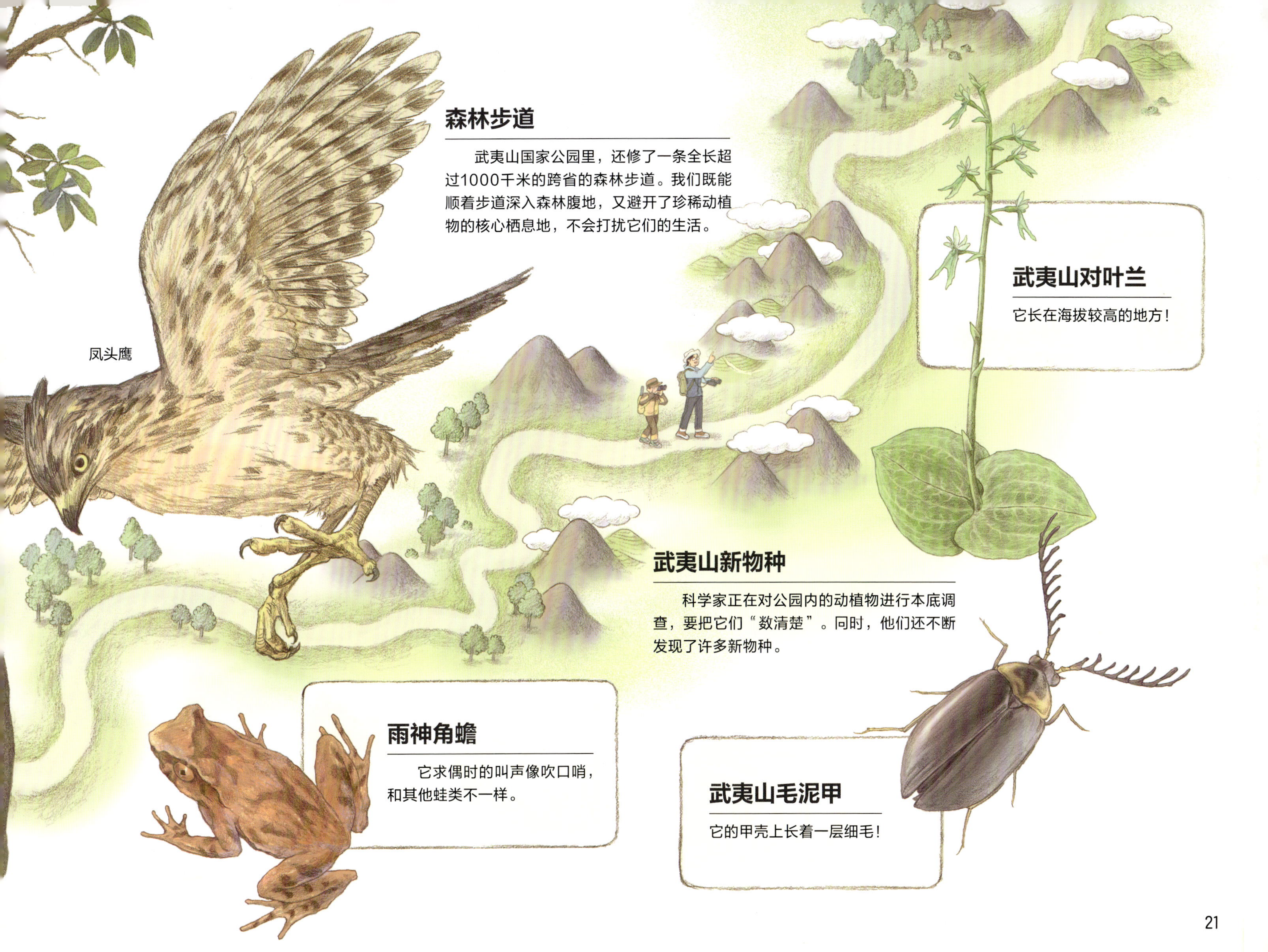

森林步道

武夷山国家公园里，还修了一条全长超过1000千米的跨省的森林步道。我们既能顺着步道深入森林腹地，又避开了珍稀动植物的核心栖息地，不会打扰它们的生活。

武夷山对叶兰

它长在海拔较高的地方！

武夷山新物种

科学家正在对公园内的动植物进行本底调查，要把它们“数清楚”。同时，他们还不断发现了许多新物种。

雨神角蟾

它求偶时的叫声像吹口哨，和其他蛙类不一样。

武夷山毛泥甲

它的甲壳上长着一层细毛！

中山地带的溪流旁还长着许多兰花，阔叶林帮它们遮住了强光。兰科植物遍布全球，有近3万种，是进化极为成功的物种。在武夷山，科学家发现了更多从来没见过的漂亮的兰花，给它们取了新名字。

伯乐树

又叫钟萼木，因花朵像倒着的钟而得名，是古老的孑遗物种，生长缓慢，成活率低。

兰花虽然千差万别，但不少兰花会伸出一瓣格外鲜艳的或有些小斑点的花瓣，引诱找花蜜的昆虫。花丛里还藏着几只螳螂，找找看，它们在哪儿呢？

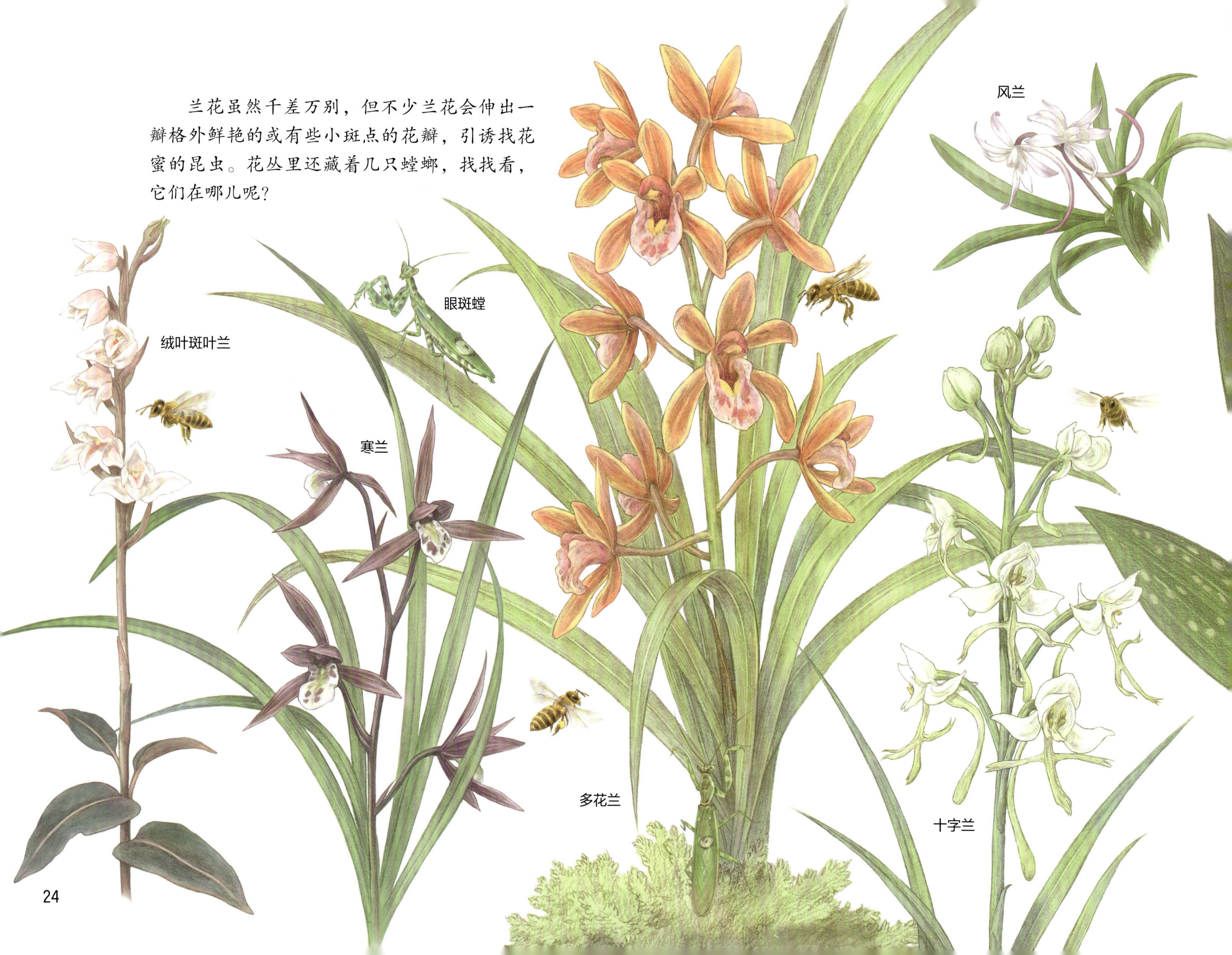

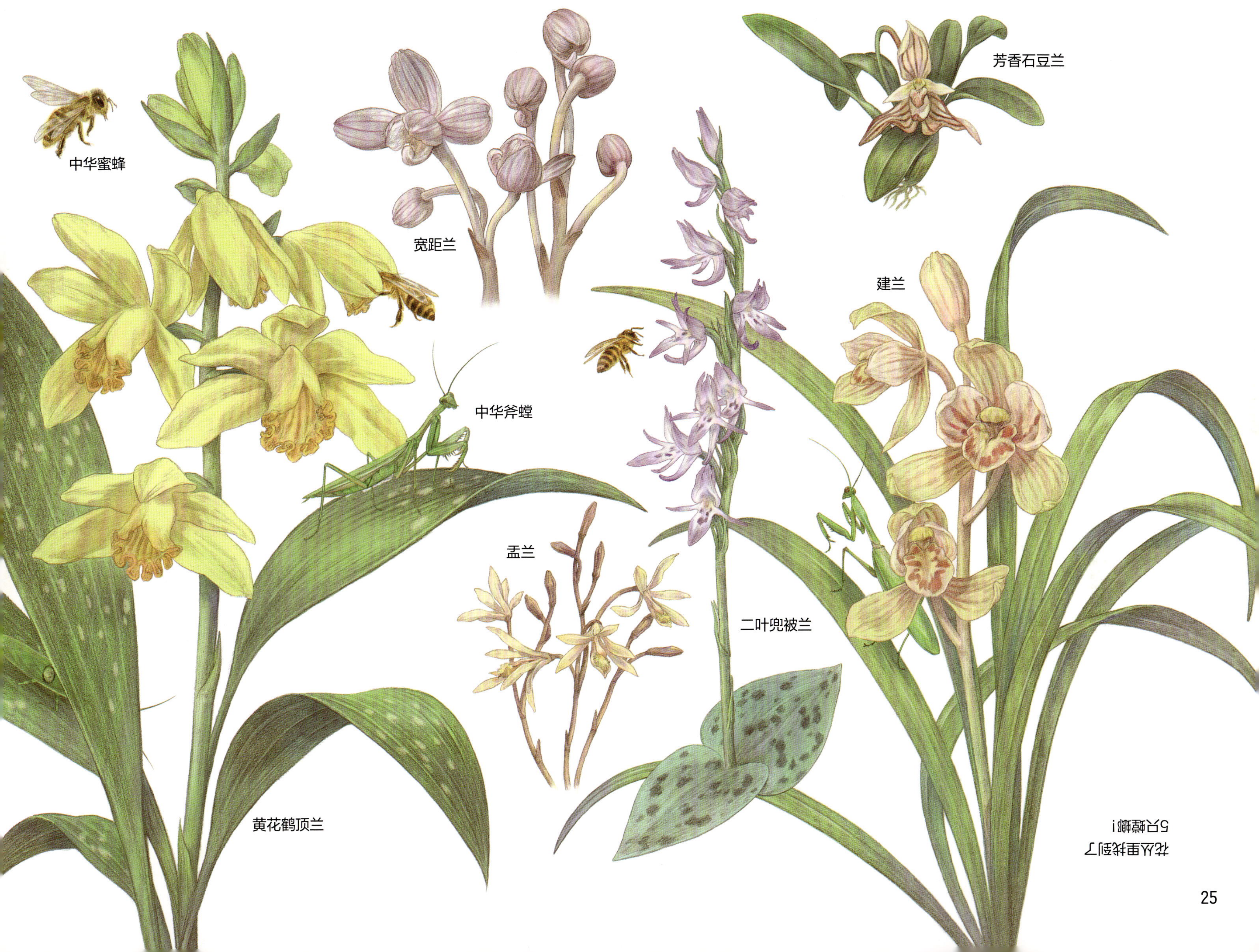
中华蜜蜂
宽距兰
芳香石豆兰
建兰
中华斧螳
孟兰
二叶兜被兰
黄花鹤顶兰
花丛里找到了
5只螳螂!

除了螳螂和在兰花中采蜜的中华蜜蜂，这里还有六七千种各式各样的昆虫。它们是鸟类、两栖类动物的重要食物。

瞧，一只棘胸蛙正打着一只蛾子的主意。水蛇悄无声息地游了过来……蛙朋友，你要小心了！

蚬蝶凤蛾

嗖！

棘胸蛙一跳，回到了自家的洞口。

而这只燕子运气很好，成功捉到了美味的肥虫。它一拍翅膀，飞向了岩壁上的巢穴。

燕子停在岩壁上，可以望见武夷山的山峰、水道以及低处丘陵上一层层整齐的茶园。茶园里出产红茶和乌龙茶，大红袍是其中最有名的一种。

和规规矩矩待在茶园里的子孙不一样，大红袍的母树是野生的，长在峭壁上，它伸出树根紧紧抓住岩石，吸收着渗入岩石的溪水，因此又叫“岩茶”。

山脚下的青楼是用传统方式制作茶叶的地方，旅行要结束了，喝杯茶休息一下吧。茶有微妙的风味，有的是花香，还有的是桂圆香。武夷山人喜欢反复冲泡工夫茶，配上各种茶点小吃，一喝一下午。

注：图为红茶制作工艺。

武夷山的制茶业

桐木村的村民大多以经营茶园为生。以前，人们焚烧马尾松来烘焙茶叶，现在已用煤炭代替。人们也不再种植单一的马尾松林，因为这不利于森林里多种多样的树木共生。现在，武夷山国家公园里禁止开垦更多茶田，于是茶农开始想办法提高现有茶田的肥力。

茶田里，樱花盛开了，大豆、油菜花与茶树种在一起，让茶田更肥沃。在武夷山国家公园里，人类与大自然也相处得更好。

文潇
童书创作者。
著有诗歌、童话、科普作品多部。
作品曾入选 2020 年度“中国儿童文学精选”，荣获 2023 年度“冰心儿童图书奖”。

苏小芮
插画师、设计师，中央美术学院建筑学硕士。
参与绘制《中国国家博物馆儿童历史百科绘本》系列（荣获十多项国内大奖），创作《敦煌：中国历史地理绘本》（荣获 2020 年桂冠童书大奖）。

图书在版编目（CIP）数据

中国国家公园. 武夷山国家公园 / 文潇著 ; 苏小芮绘. — 广州 : 广东旅游出版社, 2024.4
ISBN 978-7-5570-3007-0

Ⅰ. ①中… Ⅱ. ①文… ②苏… Ⅲ. ①武夷山－国家公园－儿童读物 Ⅳ. ①S759.992-49

中国国家版本馆CIP数据核字(2023)第056819号

中国国家公园. 武夷山国家公园
ZHONGGUO GUOJIA GONGYUAN. WUYISHAN GUOJIA GONGYUAN
出版人：刘志松　　责任编辑：梅哲坤　　责任技编：冼志良　　责任校对：李瑞苑

广东旅游出版社出版发行
地址：广州市荔湾区沙面北街 71 号首、二层
邮编：510130
电话：020-87347732（总编室）
　　　020-87348887（销售热线）
投稿邮箱：2026542779@qq.com
印刷：天津海顺印业包装有限公司
（地址：天津市东丽区东丽开发区五纬路 62 号）

开本：889 毫米 ×1194 毫米　1/16
字数：50 千
印张：2.625
版次：2024 年 4 月第 1 版
印次：2024 年 4 月第 1 次印刷
定价：49.80 元

如发现图书质量问题，可联系调换。质量投诉电话：010-82069336